Couvertures supérieure et inférieure
manquantes

SOCIÉTÉ LOCIPÉDIQUE MÉTROPOLITAINE

EXCURSION EN BRETAGNE. (AOUT 1908)

MERCREDI 5 AOUT

Paris, Vire, Sourdeval, Mortain.   26 kilom. 5.

Vitesse moyenne en marche : 9 kilom. 3/4 à l'heure

0.0		Paris, gare Montparnasse	D.	8.20
271.0		Vire (gare)	A.	1.03
0.0	132	Vire (gare) R. N. 177	D.	1.18
1.0	190	Vire (Calvados) 6736 h. Déjeuner	A.	1.30
—	—	Hôtel S-Pierre R. de Mortain. R. N. 177	D.	3.15
3.2	240	St-Germain-de-Tallevande (à dr.) —		3.38
2.9	200	Traverser Ch. de fer	—	3.53
2.6	328	Côte 338 ms	—	4.20
2.1	230	Traverser Ch. de fer	—	4.30
1.9	230	Sourdeval (Manche) 3979 h.	— A.	4.40
—	—	R. de Mortain R. N. 177	D.	5.10
1.3	170	Traverser la Sée		5.17
1.3	190	Traverser Ch. de fer	—	5.24
3.1	290	La Tournerie	—	5.50
3.0	232	Ralliement (Ch. de fer)	— D.	6.05
1.3	220	Mortain (Manche) 2408 h.	A.	6.15
		Diner, coucher, hôtel de la Poste, en face l'Eglise.		
2.6		De Notre-Dame.		

26.5

S'embarquant à la gare Montparnasse dans l'express de Granville, on descendra à la station de Vire pour prendre la rue du Calvados (R. N. 177) conduisant par une montée rapide au centre de la ville ; l'hôtel se trouve dans cette rue. Vire, chef-lieu d'arrondissement, en amphithéâtre sur une éminence dominant la rivière du même nom, est assez triste d'aspect à cause de l'uniformité des maisons en granit, mais offre un panorama magnifique fort étendu de la place du Champ de Foire, à droite de la rue du Calvados. A voir : la tour de l'Horloge (XIIIe), sous laquelle on passera ; l'église Notre-Dame, sur la place Nationale (on y passe), et l'esplanade côté ouest de cette place où se trouvent quelques restes du vieux château fort.

La route de Mortain est terriblement accidentée ; elle traverse les collines les plus élevées de la Normandie et les changements de vitesse ne seront pas de trop. Après avoir franchi la Vire, la R. N. 177 monte régulièrement jusqu'à proximité de Saint-Germain-de-Tallevande, descend pour franchir une des branches de la Virene, se paye une montagne russe renversée (le Ch. de fer passe en tunnel) avant de franchir une autre branche et la voie ferrée, puis, pénétrant dans le département de la Manche, s'amuse à grimper à l'un des points culminants de la Normandie (338 m.), d'où la vue doit être très belle. Descente coquette sur Sourdeval, chef-lieu possédant une belle fontaine en granit ; deuxième descente agréable pour traverser la Sée, et, plus loin, le Ch. de fer, suivie d'une montée régulière en lacet jusqu'à La Tournerie, d'où l'on descend enfin dans la splendide vallée de la Cance, que franchit la R. N. avant d'atteindre Mortain, chef-lieu d'arrondissement très pittoresque ; à voir : l'église, curieux spécimen de l'architecture de transition, commencée probablement au XIIIe. Si le temps le permet, à voir aussi l'Abbaye Blanche, la grande et la petite cascade, et la vue splendide du bout du promontoire de la chapelle Saint-Michel.

Court parcours, plus accidenté que la route classique de Versailles, mais fort pittoresque, les vallées étant très encaissées et boisées, avec beaux rochers.

JEUDI 6 AOUT

Mortain, Ducey, Mont Saint-Michel. — 54 kilom. 6
Vitesse moyenne en marche : 11 kilom. à l'heure.

0.0	220	**Mortain**	R. N. 177	D.	7.45
1.0	205	Bif. droite (descendre côte)			7.51
1.2	120	Traverser la Cance	·		7.57
1.1	125	Les Closeaux (tout droit)	·		8.04
4.1	85	Traverser la Garenne	·		8.23
1.1	120	Poiriers	·		8.34
1.5	73	Traverser ruisseau	·		8.41
1.5	105	La Devinière	···		8.53
3.2	70	Traverser la Sélune	—		9.10
0.6	85	St-Hilaire-du-Harcoët (Manche) 3775 h.		A.	9.18

Casse-croûte hôtel de la Poste.

—	—	Bif. droite.	R. de Ducey	D.	10.00
4.3	110	Le Bliais	—		10.28
1.4	70	Traverser ruisseau	—		10.35
2.6	120	La Lande	···		10.51
7.1	25	Ralliement (entrée)		D.	11.25
0.5	25	**Ducey (Manche)** 1831 h. Déjeuner		A.	11.30

Hôtel Lion d'Or.   R. d'Avranches   D.   2.30

1.3	20	Bif. gauche	R. N. 176		2.55
2.9	20	Precey	—		3.12
6.0	25	Brée Bif. droit. puis gauc. R. Mont-St-Michel			3.43
1.8	56	Les Pas (tout droit)			3.53
2.4	15	Beauvoir, Bif. droite après	··		4.05
2.6	9	Ralliement (entrée digue)		D.	4.20
2.4	9	**Mont-St-Michel** (Manche) Diner, coucher		A.	4.35

54.6

Hôtel Poulard (ainé)

A la sortie de la ville, la R. N. 177 tourne brusquement
à gauche et descend très rapidement dans la vallée de la
Cance que l'on franchit quelque peu avant le Ch. de fer ;
de là à Saint-Hilaire, route agréablement ondulée traversant plusieurs vallons d'affluents de la Sélune, descendant
des coteaux élevés à droite, avant de franchir cette rivière

et pénétrer dans ce chef-lieu qui n'offre rien d'intéressant comme monuments. Quittant la R. N. 177, on prendra à droite la route d'Avranches qui passe dans de belles prairies avant de franchir la Selune au point du confluent de l'Airon ; après la rivière, la route devient un peu accidentée avec tendance à monter jusqu'à la côte 130 ms, 6 kilom. avant Ducey, petit chef-lieu sur la R. G. de la Selune, qui ne possède qu'un château du XVII' en fort mauvais état.

On franchit de nouveau la Selune qu'on laisse définitivement à droite avant de tourner à gauche sur la R. N. 176, qu'on ne quitte qu'à Brée pour s'engager sur la route directe du Mont Saint-Michel qui rejoint celle de Pontorson peu après Beauvoir ; traversant la fameuse digue, on pénètre dans le bourg par la Porte du Roy, entre deux anciens canons laissés pour compte par les Anglais au XV' pour se trouver de suite devant l'hostellerie présidée par la célèbre Mme Poulard (aînée). A visiter : l'abbaye, l'église et les remparts et, si possible, faire le tour de l'île.

Pittoresque parcours accidenté, pas dur ; on descend de 200 mètres.

VENDREDI 7 AOUT

Mont Saint-Michel, Dol, Dinan. — 55 kilom. 3
Vitesse moyenne en marche : 10 kilom. 3/4 à l'heure

0.0	9	**Mont Saint-Michel**	R. de Pontorson	D.	7.30
9.6	10	Pontorson (Manche) 2488 h.		A.	8.20
		Casse-croûte. Bif. droite	R. N. 176	D.	9.15
3.4	40	Mont-Rouault	—		9.34
6.0	30	Traverser ruisseau	—		10.05
1.0	80	Bif. gauche	—		10.15
3.8	35	Baguer-Pican	—		10.34
4.2	20	Ralliement (Ch. de fer)	—	D.	10.55
0.5	15	Dol (Ille-et-Vilaine) 4443 h.	Déjeuner	A.	11.00
		Hôtel Grandmaison.	R. N. 176	D.	2.00
6.0	15	Vildé-Badan	—		2.30
0.9	35	Traverser Ch. fer, Bif. gauche	—		2.36
2.8	20	Le Peray	—		2.50
2.0	15	Traverser la Molène	—		3.02
1.0	60	Le Vieux-Bourg. Trav. R.N. 137	—		3.12
1.6	40	Limite départ Côtes-du-Nord	—		3.20
3.6	65	Traverser route de St-Helen	—		3.42
2.8	10	Traverser ruisseau	—		3.56
3.0	60	Lanvallay. Bif. droite	—		4.16
1.6	40	Ralliement (viaduc)		D.	4.25
1.5	70	Dinan (Côtes-du-Nord) 10444 h.	Dîner,	A.	4.35
55.3		Coucher, Hôtel de Paris et d'Angleterre, 11, rue Thiers.			

Retraversant la digue, on continue tout droit jusqu'à
Pontorson dont l'église, au style primitif, mérite un coup
d'œil ; on retrouve à droite la R. N. 176 qui traverse un
pays d'une fertilité exceptionnelle et passe bientôt de
Normandie en Bretagne ; la route est suffisamment ondulée et présente une côte assez sérieuse au sommet de
laquelle la vue à gauche est très belle ; ensuite, parcours
facile jusqu'à Dol, chef-lieu très ancien, possédant une
cathédrale curieuse datant du XIIIe et plusieurs vieilles
maisons à étages sur piliers.

La R. N. de Dinan se déroule à travers un pays accidenté et boisé coupé de nombreux ruisseaux ; peu après Vieux-Bourg on pénètre dans le département des Côtes-du-Nord ; après de nombreuses ondulations légères on arrive à Lan-vallay où commence, à droite, la nouvelle route conduisant au magnifique viaduc reliant les deux collines, d'où la vue sur la profonde vallée de la Rance est ravissante. Après avoir franchi le viaduc, la route remonte pour pénétrer dans la vieille ville de Dinan qui occupe une situation exceptionnellement pittoresque sur un promontoire dominant la rivière. La ville a conservé 2 kilom. 1/2 de ses anciens remparts (XIIIᵉ et XIVᵉ) autrefois défendus par 24 tours dont 15 et le château, actuellement prison, subsistent encore (pour visiter le donjon s'adresser à l'Hôtel de Ville). A visiter aussi les églises Saint-Malo et Saint-Sauveur et les Promenades des Petits et des Grands Fossés longeant l'extérieur des vieilles murailles. Très fréquenté par les étrangers, Dinan possède en plus, pour son plus grand bonheur, une véritable colonie d'Anglais.

Parcours facile et intéressant.

SAMEDI 8 AOUT
Dinan, Plelan-le-Petit, Lamballe. — 39 kilom. 9
Vitesse moyenne en marche : 10 kilom. 3/4 à l'heure

0.0	70	**Dinan**	R. N. 176	D.	10.00
2.2	120	Bif. droite			10.15
1.5	130	Bif. gauche	...		10.23
5.3	80	Vildé-Guingalan	...		10.50
4.2	105	Bif. droite.	R. de Plelan-le-Petit		11.13
1.0	100	Ralliement (entrée)		D.	11.20
0.4	100	**Plelan-le-Petit** (Côtes-du-Nord) 1246 h.		A.	11.25
		Déjeuner Hôtel Marin	R. de Lamballe	D.	2.30
1.0	108	Bif. droite	R. N. 176		2.30
3.0	119	Côte 119 ms	—		2.52
5.4	35	Jugon (Côtes-du-Nord) 656 h.		A.	3.20
—		Visiter étangs	R. N. 176	D.	4.20
6.0	90	Traverser ruisseau	—		4.57
3.0	101	Côte 101 ms	...		5.13
3.3	70	Noyal, joindre R. N. 12			5.29
3.0	50	Ralliement (Ch. de fer)		D.	5.45
0.6	50	**Lamballe** (Côtes-du-Nord) 4515 h.		A.	5.50
39.9		Dîner, coucher, Hôtel de France.			

Sortant par la rue de Brest, la R. N. continue à monter et, laissant bientôt à gauche celle de Caulnes et, peu après, à droite, celle de Plancoët, se déroule sur la crête d'un plateau assez étroit ; quelques kilom. après Vildé-Guingalan (ancien moulin à vent de Vaucouleurs), on tourne à droite sur le chemin de Plelan-le-Petit, chef-lieu qui possède trois châteaux anciens (de Legoman, des Fossés et de la Bordelais), d'où un autre chemin va rejoindre la R. N. 176 quelques kilom. avant la descente dans la charmante vallée de l'Arguenon où est situé Jugon. Ce petit chef-lieu, qui renferme quelques maisons curieuses des XIV⁰ et XV⁰, se trouve au nord de deux beaux étangs séparés par une colline pittoresque de 75 ms ; le plus petit, à l'ouest, est alimenté par l'Arguenon ; l'autre, au sud-est, par la rivière de Beaulieu ; ce dernier forme un vaste et beau lac très poissonneux, peut-être le plus considérable de Bretagne.

Grimpette sérieuse pour sortir de la vallée, puis parcours légèrement ondulé, sans villages jusqu'à Noyal, où notre R. N. 177 se confond avec la R. N. 12 (Paris-Brest) qui, franchissant bientôt le Ch. de fer, pénètre dans Lamballe, très ancien chef-lieu situé sur la rive droite du Gouëssant, au pied d'une colline que couronne l'église Notre-Dame, et qui se divise en haute et basse ville. L'église N.-D., sur un rocher taillé à pic, date de la fin du XII° et fut magnifiquement restaurée en 1856 ; elle mérite une visite détaillée. En sortant, on s'arrêtera sur la petite terrasse à l'ouest d'où l'on a une magnifique vue d'ensemble sur la ville et la verdoyante vallée du Gouëssant, et l'on se dirigera, après, au nord-ouest, sur l'emplacement de l'ancien château (fossés encore visibles) converti en une jolie promenade ombragée d'où l'on domine tout le pays jusqu'à la mer.

Parcours moyen suffisamment pittoresque.

DIMANCHE 9 AOUT

Lamballe, Moncontour, Loudéac. — 43 kilom. 8

Vitesse moyenne en marche : 10 kilom. 1/4 à l'heure

0.0	50	**Lamballe**	R. N. 12	D.	8.30
0.8	55	Bif. gauche	R. N. 168		8.35
3.2	70	Maroué (à gauche)			8.54
1.6	60	Traverser la Truite			9.02
4.2	100	Bréhand (à gauche)			9.27
2.2	90	Traverser ruisseau			9.39
3.7	110	Ralliement (ruisseau)		D.	10.05
0.5	130	**Moncontour** (Côtes-d-Nord) 1308 h. Déjʳ		A.	10.10
—		Hôtel du Commerce.	R. N. 168	D.	2.30
4.4	220	Bif. droite.	R. de Plémy		3.05
1.6	225	Plémy (Côtes-du-Nord)		A.	3.15
—		Ruines, etc.	R. de Loudéac	D.	4.00
3.0	235	Joindre R. N. 168			4.18
0.8	255	Côte 255 ms			4.24
3.8	140	Plouguenast			4.43
1.2	168	Côte 168 ms			4.51
4.8	231	La Croix-Jartel	R. N. 168		5.20
7.4	140	Ralliement (entrée)		D.	6.00
0.6	140	**Loudéac** (Côtes-du-Nord) 5913 h.		A.	6.05
43.8		Diner, coucher, Hôtel de France.			

Sortant par la R. N. 12, on tourne de suite à gauche sur
la R. N. 168 qui remonte un petit affluent du Gouëssant
jusqu'à sa source, puis descend pour franchir la petite rivière Truite près du château de Mauny (à gauche) dont on
remonte vaguement la R. G. ; après Bréhand, route ondulée
avant d'atteindre Moncontour, chef-lieu sur le penchant
d'une colline au point de rencontre de deux vallées étroites
et profondes, autrefois une des places les plus fortes de la
Bretagne. L'église Saint-Mathurin (XVIᵉ) possède les plus
belles verrières de l'Armorique et un buste en argent con-
tenant les reliques de saint Mathurin ; la fête du Pardon
est fort célèbre et donne lieu à des danses préhistoriques ;

malheureusement, cela se passe à la Pentecôte. Il faudrait monter, — c'est pour cela qu'on arrive si tôt — au sommet de la colline de Moncontour (218 m.), dont les per tes sont couvertes par les bosquets du château des Granges, d'où la vue se porte au loin, sur les montagnes du Méné au sud ; en remontant à l'est et au nord, on découvre les tours de Lamballe, tout le bassin de l'Arguenon, les côtes de Saint-Malo et le phare de Tréhel ; plus loin encore, le Mont Saint-Michel et les côtes de Normandie, tandis qu'à ses pieds se dresse fièrement le clocher de Saint-Mathurin ; c'est splendide par temps clair.

La R. N. 168 grimpe régulièrement dans le vallon ouest jusqu'à l'embranchement du chemin de Plémy, gros village qui a l'avantage de posséder les ruines du château de Launey-Cotiol et de Vauclair, trois menhirs dont un de 7 mètres de circonférence, et une fontaine curieuse. Après ce peu banal village, la route traverse les landes de Phanton et atteint 255 ms avant de descendre dans la vallée du Lié que l'on franchit à Plouguenast ; plus loin, elle monte de nouveau en décrivant de nombreux lacets à travers les landes sauvages et laisse à gauche la giboyeuse forêt de Loudéac ; après avoir croisé deux fois le Ch. de fer, on atteint Loudéac, chef-lieu d'arrondissement composé d'un groupe de maisons situé à la rencontre de cinq routes dont le point d'intersection est formé par l'église Saint-Nicolas (XVIIIe) ; la ville n'a pas de monuments anciens, mais est un centre important de fabrication de toiles.

Magnifique parcours sauvage, éloigné de tout Ch. de fer, très accidenté, surtout après déjeuner, quand on traverse les montagnes du Méné.

LUNDI 10 AOUT

Loudéac, Mur de Bretagne, Rostrenem. — 55 kilom.
Vitesse moyenne en marche : 10 kilom. à l'heure

0.0	140	**Loudéac** R. de Carhaix.	R. N. 164 bis	D.	8.00
3.0	110	Traverser ruisseau	—		8.18
3.8	90	Traverser rivière Oust	—		8.38
4.2	90	Saint-Caradec (Côtes-du-Nord) 1636 h.		A.	8.45
—		Casse-croûte	R. N. 164 bis	D.	9.30
4.5	150	Traverser canal alimentaire	—		9.41
3.1	180	Côte 180 ms	—		10.00
6.6	120	Carlan	—		10.35
0.4	120	Bif. gauche	R. de Mur		10.37
1.2	175	Ralliement (entrée)	—	D.	10.50
0.4	180	**Mur de Bretagne** (Côtes-du-Nord) 2433 h.		A.	10.55
—		Déjeuner, Hôtel de la Grande-Maison.			
—		Bif. droite	R. de Saint-Aignan	D.	2.00
5.0	80	Saint-Aignan. Bif. droite, suivre le Blavet			2.35
14.0	90	Bonrepos. Quitter le canal de Nantes à			
—		Brest pour prendre R. N. 164 bis			3.45
5.0	87	Goarec (Côtes-du-Nord) 810 h.		A.	4.10
—		—	R. N. 164 bis	D.	4.50
5.8	210	Plouguernével	—		5.30
1.8	170	Traverser ruisseau	—		5.39
3.0	200	Ralliement Bif. de la R. N. 164		D.	5.55
0.4	200	**Rostrenen** (Côtes-du-Nord) 1853 h.		A.	6.00
55.0		Dîner, coucher, Hôtel des Voyageurs.			

Itinéraire duplicata, dans le cas où l'on n'obtiendrait pas la permission de suivre le halage du canal de Nantes à Brest :

20.0	180	**Mur de Bretagne**	R. N. 167	D.	2.30
1.0	160	Bif. gauche.	R. N. 164 bis		2.36
4.0	200	Caurel	—		3.00
4.0	220	Saint-Golven (à droite)	—		3.24
9.0	87	Goarec		A.	4.10
—		—	R. N. 164 bis	D.	4.50
10.6	200	Ralliement Bif. de la R. N. 164		D.	5,55
0.4	200	**Rostrenen** (Côtes-du-Nord)		A.	6.00
49.0					

La route de Carhaix descend pour franchir un ruisseau, remonte ensuite et redescend dans la vallée de l'Oust où est situé Saint-Caradec, dont l'église (1664) renferme un maître-autel, des statues et des fonts baptismaux remarquables ; on y remarquera également le tombeau de la famille de Carcado, dont l'ami Joanne ignore les hauts faits. Après une montée « conséquente », la route franchit la rigole sérieuse — ce qui est rare — de 62 kilom. de longueur, qui amène au canal de Nantes à Brest les deux millions de mètres cubes d'eau que le réservoir de Bara reçoit de la rivière Oust barrée, la malheureuse, près de sa source. La route continue à monter doucement, pour ensuite descendre sur Carlan et suivre un ruisseau jusqu'à l'embranchement du chemin de Mur de Bretagne où l'on franchit un affluent du Blavet avant de grimper à ce petit chef-lieu haut perché : à voir, l'élégante chapelle de Sainte-Suzanne (XVIIe) entourée de châtaigniers et de chênes séculaires.

A partir de Mur on suivra, si l'on obtient la permission, le chemin de halage du canal de Nantes à Brest, auquel le Blavet a bien voulu prêter son lit naturel, et qui traverse quelque 14 kilom. de magnifiques gorges sinueuses et encaissées, à rochers superbes ; dans ce cas, on prendra le chemin de Saint-Aignan, au-dessus duquel se dresse un vaste cirque de pierres amoncelées, le Castel Finans (220 ms), dominant les méandres du Blavet, où l'on trouvera le chemin de halage qu'on ne quittera qu'au hameau de Bonrepos pour reprendre la R. N. 164 bis ; celle-ci remonte doucement la vallée jusqu'à Goarec, petit chef-lieu pittoresque dans un vallon fertile au confluent du canal et du Blavet. Après Goarec, la route parcourt en montée graduelle un vaste plateau cultivé, de belles prairies et quelques landes avant d'atteindre Rostrenen, chef-lieu possédant plusieurs vieilles maisons (XVIe) sur la grande place inclinée ; l'église date de 1293, mais a été refaite, sauf le carré central, de nos jours.

Si l'on n'obtient pas la permission de suivre le canal, on sortira de Mur par la route de Guingamp (R. N. 167), pour tourner à gauche plus loin sur la R. N. 164 bis ; cette dernière monte vers Caurel, laissant à droite de hauts massifs (300 ms) de rochers noirâtres et, à gauche, le Castel-Finans, puis, après quelques kilom. sur les hauteurs dominant de loin le canal, descend le rejoindre à Bonrepos.

Parcours assez facile, très sauvage et pittoresque ; pas de Ch. de fer.

MARDI 11 AOUT

Rostrenen, Carhaix, Châteauneuf-du-Faou. — 44 kilom. 4
Vitesse moyenne en marche : 11 kilom. à l'heure

0.0	200	**Rostrenen.** R. de Carhaix.	R. N. 164	D.	8.00
2.5	210	Lanhellen	—		8.15
7.1	140	Joindre canal Nantes à Brest	—		8.50
1.0	140	Quéhelan	—		8.56
4.8	110	Le Moustoir (Côtes-du-Nord) 920 h.		A.	9.25
—		Eglise	R. N. 164	D.	10.00
2.0	140	Limite du Finistère	—		10.12
3.2	135	Ralliement. Bif. (à droite)		D.	10.30
0.6	141	**Carhaix** (Finistère) 3064 h. Déjeuner.		A.	10.35
—		Hôtel de La Tour d'Auvergne,			
—		R. de Gourin.	R. N. 169	D.	2.30
2.2	75	Bif. droite	R. de Châteauneuf		2.42
4.0	154	Côte 154 ms	—		3.06
3.0	145	Bif. gauche. Ch. de Cleden-Poher			3.23
0.4	145	Cleden-Poher (Finistère) 1716 h.		A.	3.25
—		Calvaire	R. de Châteauneuf	D.	4.00
3.6	60	Pont-Trifen, traverser Aulne	—		4.18
0.6	60	Bif. gauche	—		4.21
7.4	80	Bif. droite	—		5.02
1.5	60	Ralliement (Ruisseau)		D.	5.10
0.5	90	**Châteauneuf-du-Faou** (Finistère) 3566 h.		A.	5.15
44.4		Diner, coucher, Hôtel du Midi.			

La R. N. 164 ondule agréablement à travers les prairies et se rapproche du canal de Nantes à Brest un peu avant

Quéhelan pour le côtoyer jusqu'à Saint-Eloi où elle monte doucement vers le N.-O. pour atteindre Le Moustoir ; ce village possède les ruines d'un ancien monastère des Augustins et une église du XVIe avec belle maîtresse vitre. Peu après, on pénètre dans le département du Finistère pour arriver bientôt à Carhaix, chef-lieu sur une hauteur de la rive gauche de l'Hière. En entrant en ville on apercevra à gauche, sur la place du Champ-de-Bataille, une belle statue en bronze de La Tour d'Auvergne, originaire du pays (belle vue) ; dans la Grande-Rue, à droite, se trouve une curieuse maison ancienne avec rez-de-chaussée en granit et trois étages surplomblant, en bois recouvert d'ardoises ; à voir aussi : la collégiale de Saint-Trémeur (1529) et l'église de Plouguer, du XVe. Carhaix, très important sous les Romains — sept voies y convergeaient - est bien déchu de son ancienne splendeur ; cependant, sa race bovine — la légende veut qu'elle descende du bœuf Apis — est encore célèbre.

On sort de la ville par la R. N. 169 qu'on s'empresse de laisser à gauche peu avant le passage de l'Hière au Moulin du Roy pour prendre la route départementale de Châteauneuf-du-Faou ; celle-ci, franchissant plus loin un petit cours d'eau, s'élève sur un plateau que l'on parcourt jusqu'à Cleden-Poher, où se trouve une jolie église du XVIe et un magnifique calvaire (dans le cimetière) taillé d'un seul bloc de 7 mètres de hauteur. Notre route descend ensuite assez rapidement dans la vallée de l'Aulne, que l'on franchit à Pont-Trifen, près de son confluent avec l'inévitable canal ; on en suit la R. D. pendant un moment avant de remonter à 120 ms pour se diriger en ligne droite sur Châteauneuf-du-Faou, chef-lieu admirablement situé sur le versant d'une colline de la R. D. de l'Aulne ; la ville est dominée par les vestiges d'un château fort d'où l'on a une belle vue au sud de la ligne des Montagnes Noires ; la chapelle N.-D. des Portes est intéressante, notamment les fines sculptures du porche, très évasé.

Parcours fort agréable ; peu fatigant.

MERCREDI 12 AOUT

Châteauneuf-du-Faou, Châteaulin, Douarnenez. — 50 kilom. 8
Vitesse moyenne en marche : 10 kilom. à l'heure

0.0	90	**Châteauneuf**	R. de Quimper D.		7.30
1.2	120	Bif. droite	R. de Pleyben		7.42
0.6	120	Bif. droite			7.45
0.8	130	Bif. droite (route nouvelle)			7.50
4.1	60	Traverser le Ster-Goarec	—		8.12
3.3	70	Traverser ruisseau			8.31
4.4	80	Pleyben (Finistère) 5683 h. Casse-croûte A.			8.55
—		Hôtel Croix Blanche R. de Châteaulin D.			10.38
1.2	60	Bif. gauche (route nouvelle)			10.42
2.2	70	Bif. gauche	—		10.55
5.9	8	Ralliement (entrée)		D.	11.30
0.5	8	**Châteaulin** (Finistère) 3677 h. Déjeuner A.			11.35
—		Hôtel de la Grande-Maison R. de Crozon D.			2.00
1.8	30	Bif. gauche	R. de Cast		2.10
2.8	190	Sommet côte			2.40
2.8	110	Cast (tout droit)			2.54
0.9	90	Bif. gauche	R. de Locronan		2.58
4.6	140	Kergoat (Finistère)		A.	3.25
—		Chapelle	R. de Locronan D.		4.00
3.6	120	Locronan	R. de Douarnenez		4.20
5.1	80	Kerlas	—		4.45
2.0	5	Plage du Grand Ris			4.55
1.5	90	Sommet côte	—		5.10
1.0	60	Ralliement (entrée)		D.	5.15
0.5	40	**Douarnenez** (Finistère) 10.021 h.		A.	5.20
50.8		Dîner, coucher, Hôtel de France.			

Au lieu de prendre le chemin direct de Pleyben, il est préférable, pour éviter une montée, de sortir par la route de Quimper et de tourner à droite plus loin sur celle de Pleyben ; cette route, assez accidentée, offre de pittoresques vues bornées au Sud par les Montagnes Noires ; elle traverse deux ruisseaux dont le principal, le Ster-Goarec, coule dans une jolie vallée sauvage. Pleyben possède une belle église, mélange des styles gothique et renaissance, avec trois tours et un porche d'une rare élégance (1588) ; elle renferme des vitraux du XVIe ; le cimetière contient un magnifique calvaire (1650), le plus important du Finistère après Plougastel. De Pleyben à Châteaulin, la route, très accidentée, traverse une jolie région vallonnée et descend sur l'Aulne, pour remonter ensuite sur un promontoire d'où la vue des méandres de la rivière est très belle ; bientôt commence une descente agréable sur Châteaulin, chef-lieu d'arrondissement sur l'Aulne, qui forme la partie nord du canal de Nantes à Brest : à voir, l'église Saint-Idunet, reconstruite dans le style du XIVe ; l'église Notre-Dame, ancienne chapelle du château, bâtie au XVe sur un rocher dominant la R. G. de l'Aulne, et les quais.

Traversant la rivière, on suit le quai à droite pour prendre à gauche la route de Crozon, qui monte doucement le vallon de Kerlabert ; plus loin, on tourne à gauche sur la route de Cast, qui débute par une très longue côte pour franchir les Montagnes Noires (beau panorama), suivie d'une descente allongée ; ensuite une série de petites montagnes russes jusqu'à Kergoat, qui possède une chapelle du XVe, grand lieu de pèlerinage, remarquable par la hauteur des arcades de la nef et les dimensions des fenêtres ; elle renferme huit splendides vitraux ; dans le cimetière, chênes séculaires et une belle croix en granit. Après une courte descente, la route s'élève de nouveau, laissant à gauche la forêt du Duc (on aperçoit à droite le Menez-Horn, 330 ms, et, à gauche, la baie de Douarnenez), puis, après Locronan, descend presque continuellement jusqu'à la petite plage du Grand Ris, d'où elle grimpe (côte très dure) sur la falaise, avant de pénétrer en Douarnenez, chef-lieu situé sur la magnifique baie du même nom, le premier des ports sardiniers de France, et, ajouterons-nous, de Navarre. A voir : la chapelle Saint-Michel, la plage et le pont de fer ; beau point de vue ; la ville renferme quelques maisons anciennes dans les rues descendant au port.

Parcours très accidenté, mais fort pittoresque.

JEUDI 13 AOUT

Douarnenez, Audierne, Pointe du Raz. — 37 kilom. 3
Vitesse moyenne en marche : 10 kilom. à l'heure

0.0	40	**Douarnenez**	R. N. 165	D.	8.00
1.7	6	Bif. droite, après Ch. de fer.	—		8.10
5.0	80	Kerviny	—		8.45
3.9	80	Confors (Finistère)		A,	9.05
—		Chapelle, calvaire.	R. N. 165	D.	10.00
5.4	20	Pont-Croix	—		10.30
5.2	10	Ralliement (entrée)	—	D.	10.55
0.5	10	**Audierne** (Finistère) 962 h.		A.	11.00
—		Déjeuner, Hôtel de France.			—
—			R. de la Pointe-du-Raz	D.	2.00
1.0	45	Bif. droite	—		2.08
0.8	60	Traverser R. de Esquibien	—		2.14
4.1	50	Primelin (à gauche)	—		2.36
1.8	5	Plage du Loc'h	—		2.46
2.7	60	Plogoff	—		3.13
3.2	70	Lescoff	—		3.33
2.0	80	**Pointe-du-Raz** (Finistère)		A.	3.45
37.3		Diner, coucher, Hôtel du Raz-de-Sein.			

En quittant l'hôtel, on tourne à droite dans la rue Jean-Bart, puis, immédiatement à droite, dans la rue Duguay-Trouin ; à la sortie, la R. N. 165 contourne l'estuaire pittoresque de Poul-David, puis, après le Ch. de fer, bifurque à droite pour monter doucement pendant 4 kilom. un frais vallon d'où elle sort sur un plateau ondulé assez monotone. Confors possède une jolie chapelle du XVIe avec vitraux anciens et, à la voûte, une de ces « roues de fortune » dont il n'existe plus que quelques exemplaires ; à côté, se trouve un beau calvaire triangulaire (restauré en 1870) et le cimetière renferme un menhir de 2 m. 20 de haut. Un peu plus loin, point culminant suivi d'une agréable descente sur Pont-Croix que la R. N. contourne à droite pour longer ensuite assez près la R. D. du Goayen jusqu'à Audierne, où on ne fera que déjeuner, devant y retourner le lendemain.

La route de la Pointe-du-Raz commence par remonter un vallon étroit et laisse bientôt à gauche le chemin d'Esquibien dont on aperçoit le clocher ; le plateau, légèrement accidenté, devient triste et sauvage ; on descend pour contourner la petite plage aride du Loc'h, d'où l'on sort par une grimpette sérieuse, dominée à gauche par la chapelle de N.-D. du Bon Voyage ; le pays devient de plus en plus dénudé jusqu'à la Pointe-du-Raz, où, laissant les machines, à l'hôtel, il faudrait faire le magnifique tour de la baie des Trépassés, l'Enfer de Plougoff, etc., etc., où, selon la légende, fut engloutie la ville d'Ys au Ve. Cette splendide promenade demande de 2 heures à 2 h. 1/2 ; il faut avoir le pied assez alpestre par endroits et un guide au moins est absolument indispensable. On termine par la visite du célèbre phare du promontoire, d'où l'on découvre une des vues les plus grandioses et saisissantes que puissent offrir les côtes de Bretagne ; c'est un spectacle magnifique par sa grandeur, surtout par gros temps, pendant lequel l'écume monte quelquefois au sommet à 80 m. d'altitude. Sans désirer la pluie, un « suroit » moyen sec ferait bien notre affaire le 13 août ; bien entendu après notre arrivée à la Pointe.

VENDREDI 14 AOUT
Pointe-du-Raz, Audierne, Quimper. — 52 kilom. 3

Vitesse moyenne en marche : 11 kilom. à l'heure

0.0	80	**Pointe-du-Raz**	R. d'Audierne	D.	8.00
2.0	70	Lescoff	...		8.10
3.2	60	Plogoff	...		8.27
2.7	5	Plage du Loc'h	.		8.40
1.8	50	Primelin (à droite)	...		8.58
5.4	15	Ralliement (entrée)	—	D.	9.25
0.5	10	**Audierne** (Finistère) 962 h. Déjeuner.		A.	9.30
—		Hôtel de France	R. de Plozévet	D.	1.00
2.2	70	Kervonzec	...		1.22
2.2	90	Plouhinec	.		1.33
5.8	70	Plozévet (Eg.) bif. gauche après			2.02
0.2	70	— (sortie) Bif. gauche. R. de Quimper			2.04
7.1	100	Landudec (Finistère) 1380 h.		A.	2.40
—		Eglise.	R. de Quimper	D.	3.00
5.0	120	Traverser R. de Plogastel	...		3.27
3.1	80	R. de Pouldreuzic	...		3.43
4.1	162	Côte 162 ms	...		4.07
1.7	100	Joindre R. N. 165	.		4.15
4.5	15	Ralliement (Ch. de fer)	...	D.	4.35
0.8	10	**Quimper** (Finistère) 17,406 h.		A.	4.40
52.3		Diner, coucher, Hôtel de l'Epée.			

La route d'Audierne étant la même que celle parcourue la veille — sauf qu'on contemple le paysage à rebours — il est inutile de la décrire. Audierne fut très florissant jusqu'au XVIe, époque où un raz de marée éloigna les morues qui, depuis, n'ont jamais voulu rien savoir ! L'église (XVe) est assez intéressante ; le petit port se trouve à 1 kilom. de l'embouchure du Goayen ; en suivant les quais, on trouve au sémaphore un escalier à droite conduisant à une belle plage de sable où l'on peut se baigner dans l'Océan ; belle vue de la vaste baie d'Audierne, de la jetée.

Puisqu'il n'existe aucune auberge possible entre Audierne et Quimper, il faut déjeuner de bonne heure et partir assez tôt pour avoir le temps de visiter l'intéressante ville de Quimper. Pour sortir d'Audierne, on longe le quai jusqu'au pont de fer, où l'on franchit la rivière pour suivre à droite la route de Plozévet qui, débutant par une forte montée, ondule ensuite à travers des landes sauvages jusqu'à Landudec, où se trouve une belle église (en grande partie romane avec clocher Renaissance) dans laquelle on verra, accrochées au-dessus de la statue de saint Éloi, des queues de chevaux offertes pour préserver « la plus belle conquête de l'homme » de maladies diverses. Ensuite, le pays change d'aspect et l'on pénètre peu à peu dans une contrée charmante, très accidentée jusqu'à la R. N. 165, bien ombragée, qui descend régulièrement, avec une magnifique vue de la région de Quimper. Arrivé à la place Saint-Mathieu, on tourne à gauche, après l'église, dans la rue Saint-Mathieu, puis, à une petite place, on prend à droite la rue du Quai pour traverser, au bout, le pont sur le Steir et suivre en face la rue du Parc, dans laquelle se trouve l'hôtel, à gauche. Quimper, chef-lieu du Finistère, autrefois capitale du comté de Cornouaille, est situé dans un charmant bassin au confluent du Steir et de l'Odet. A voir : la cathédrale (1239 à 1515), très bel édifice restauré avec art au XIXe, qui renferme de nombreux vitraux du XVe ; la rue de Kéréon (vieilles maisons), la plus commerçante de la ville, l'église de Locmaria, construite en 1030, les allées et quais du port, etc.

Parcours curieux, généralement en pays très sauvage et désert.

SAMEDI 15 AOUT

Quimper, Loctudy, Saint-Guénolé. — 48 kilom. 5

Vitesse moyenne en marche : 11 kilom. à l'heure

0.0	10	Quimper	R. de Pont-l'Abbé	D.	7.00
2.6	30	Bif. gauche après ruisseau	—		7.15
4.2	85	Keruret, bif. gauche, sortie	—		7.52
4.0	24	Traverser ruisseau	—		8.12
2.4	50	Traverser R. de Combrit.	—		8.25
5.6	5	Pont-l'Abbé(Finist.)5536h.Casse-croûte		A.	8.55
—		Hôtel du Lion d'Or.	R. de Loctudy	D.	9.45
5.5	15	Ralliement (entrée)		D.	10.14
1.4	5	Port de Loctudy (Finist.)2154h.Déjeuner		A.	10.20
—		Hôtel des Bains.	Revenir au village	D.	2.00
1.4	15	Bif. gauche	R. de Penmarch		2.06
4.2	10	Plobannalec (tout droit)	—		2.31
2.6	25	Bif. droite	—		2.44
6.3	15	Penmarch (Finistère)		A.	3.45
—		Eglise Saint-Nonna.	R. du Phare	D.	3.45
1.9	10	Bif. gauche	R. de Keritz		3.55
0.4	3	Keritz (Finistère) Ruines, port.		A.	4.00
—		Revenir même chemin.		D.	4.30
0.4	10	Bif. gauche	R. du Phare		4.33
1.3	10	Phare de Penmarch		A.	4.40
—		Vue magnifique.	R. de Penmarch	D.	5.10
1.5	13	Bif. gauche	R. de Saint-Guénolé		5.18
1.0	12	Kervilon. Bif. gauche	—		5.28
1.0	12	Ralliement (entrée)		D.	5.35
0.5	10	Saint-Guénolé (Finistère)		A.	5.40
48.5		Dîner, coucher, Hôtel de St-Guénolé.			

Sortant de l'hôtel, on longe à droite le quai de l'Odet jusqu'à la rue de Pont-l'Abbé, à l'extrémité de laquelle on oblique à gauche ; la jolie route longe d'abord la vallée, puis, après un ruisseau, gravit une assez longue côte pour onduler ensuite agréablement à travers un pays pittoresque ; deux kilom. avant Pont-l'Abbé, au sommet d'une montée, on aperçoit au loin, un peu à droite, le phare de Penmarch, puis la route descend sur cette petite ville, située sur un estuaire de l'anse de Bénodet. Arrivé au château, actuellement hôtel de ville, on prendra à l'angle gauche la rue du Château et la rue Kéréon où se trouve l'hôtel. L'église, fondée en 1383, est assez curieuse, et le costume des habitants a conservé son cachet fort antique. La route de Loctudy, très agréable, présente quelques ondulations ; lorsqu'on arrive à l'église, l'un des plus curieux spécimens de l'architecture romane en Bretagne (à visiter, ainsi que la chapelle dans le cimetière), on prend le chemin à gauche du cimetière, puis encore à gauche, en suivant le télégraphe, pour arriver à la Calle, au port de Loctudy, où l'on peut se baigner en mer avant le déjeuner ; de la terrasse de l'Hôtel des Bains on jouit d'une jolie vue de l'anse de Bénodet, de l'île Judy, etc.

Revenant à l'église, on tourne à gauche à la sortie du village sur le chemin de Penmarch ; celui-ci, très plat et nu, traverse des landes sauvages jusqu'à ce village, autrefois cité très importante, rivalisant avec Nantes ; la surface du plateau, sur une lieue carrée, est encore semée d'édifices antiques et de ruines. Deux groupes principaux de maisons se remarquent à chaque extrémité de cet assemblage de décombres, Penmarch au N.-E. et Keritz au bord de la mer. Il paraîtrait que la décadence de la cité date du fameux raz de marée du XVIe, qui en détruisit une partie, et, tout comme à Audierne, la totalité des morues — *Morue ? turi te saluant !* dirent-elles en expirant, car on était très « talon rouge » à cette époque ! L'ancienne cité possédait six églises : la plus importante, Saint-Nonna, à Penmarch même, date tout entière du XVIe ; c'est un magnifique édifice gothique qu'il faut visiter en détail. A cause probablement du vaste périmètre de l'ancienne agglomération, il n'existe aucune trace de remparts, mais on voit encore quelques grandes maisons du XVe fortifiées et entourées d'un mur crénelé à mâchicoulis.

Continuant sur le chemin du phare renommé qui traverse le plateau autrefois occupé par la cité, on tourne à gauche pour visiter les ruines intéressantes de l'église Sainte-Thumette (XIII⁰) à Keritz, la chapelle Saint-Pierre (XV⁰) un peu à l'ouest, et la jetée de ce port minuscule. Revenant à la bif., on prend à gauche le chemin du phare de Penmarch où il faut monter à la lanterne — 41 m. de côte à 50 centimes par tête — pour la vue d'ensemble de cette côte déserte, dénudée et d'une sauvagerie extravagante ; puis, on retourne vers Penmarch pour tourner bientôt à gauche sur le chemin de Saint-Guénolé, en se dirigeant sur la tour de son ancienne église (XV⁰), actuellement en ruines mais toujours imposante, — à inspecter — que l'on dépasse pour arriver à la Calle, où se trouve l'hôtel. Le village, à l'entrée de la magnifique baie d'Audierne, est habité entièrement par des pêcheurs et des sardiniers ; la mer y est bordée par un amoncellement de rochers énormes où sans cesse les vagues déferlent.

Ce parcours, qui a l'air compliqué tout en ne l'étant pas, traverse une des parties les plus historiquement intéressantes de la Basse-Bretagne.

DIMANCHE 16 AOUT

Saint-Guénolé, Fouesnant, Concarneau. — 48 kilom. 6

Vitesse moyenne en route : 10 kilom. à l'heure.

0.0	10	**Saint-Guénolé**	R. de Penmarch	D.	7.00
1.5	12	Kervilon. Bif. gauche	—		7.08
1.9	15	Penmarch (Eg.) Bif. gauche			7.18
1.7	18	Bif. gauche	R. de Pont-l'Abbé		7.27
3.8	31	Plomeur, bif. droite	—		7.48
5.9	5	Pont-l'Abbé (Finistère) 5536 h.		A.	8.20
—		Casse-croûte, Hôtel du Lion-d'Or.			
—		Traverser pont	R. de Quimper	D.	9.00
2.3	30	Bringal, bif. droite	R. de Fouesnant		9.15
4.5	31	Combrit	—		9.40
3.5	2	Sainte-Marine, bac, traverser Odet		A.	9.57
0.5	2	Bénodet	R. de Fouesnant	D.	10.15
4.2	10	Bif. gauche après ruisseau			10.40
0.8	25	Perguet (tout droit)	—		10.45
3.2	40	Ralliement (entrée)	—	D.	11.05
0.5	40	**Fouesnant** (Finistère) 2776 h.		A.	11.10
—		Déjeuner Hôtel d'Arvor.			
		Bif. gauche	R. de Quimper	D.	2.30
0.6	40	Bif. droite	R. de Concarneau		2.35
3.0	5	La Forêt, bif. gauche (sortie)			3.00
1.8	65	Bif. droite			3.20
1.4	5	Traverser ruisseau			3.27
1.5	65	Château de Melgven	—		3.42
2.5	65	Joindre R. de Rosporden	—		3.54
3.0	20	Ralliement (gare)		D.	4.10
0.5	20	**Concarneau** (Finistère) 5931 h.		A.	4.15
48.6		Dîner, coucher, Atlantic Hôtel.			

On retourne par la route directe à Penmarch où, contournant l'église, on prend à gauche le chemin de Pont-l'Abbé ; ce chemin s'élève un peu et parcourt un pays de landes jusqu'à Plomeur, d'où il descend en pente douce à Pont-l'Abbé à travers un pays plus verdoyant. Pour sortir de la ville, on descend à gauche les rues de Kéréon et du

Château pour franchir le pont sur la route de Quimper ; à la borne 17.5 on tourne à droite sur la très jolie route de Fouesnant, verdoyante, boisée et un peu accidentée, qui se termine à Sainte-Marine, où l'on traverse l'Odet en bac au taux relativement modeste de 30 centimes par personne, — ce prix comprend ou ne comprend pas la bicyclette ; notre honorable camarade Baroncelli néglige ce détail — mais la traversée ne présente aucun danger par temps ordinaire. Débarquant à Bénodet, on grimpe une ruelle à gauche de l'église conduisant à la route, qui serpente à travers de charmants paysages et s'élève finalement en rampe très douce à Fouesnant, chef-lieu célèbre dans le Finistère par la beauté et la coquetterie, — excusez du peu — de ses femmes ; malheureusement on ne peut qu'y déjeuner et jeter un coup d'œil furtif sur l'église, qui est entièrement du XIIᵉ, sauf la façade ouest, dont Joanne lui-même ne connaît pas la date.

On quitte la ville par la route de Quimper pour tourner bientôt à gauche sur le chemin de Concarneau ; celui-ci, très pittoresque mais fortement accidenté, franchit deux montagnes russes avant de descendre très rapidement au village de La Forêt, situé au fond d'une anse, où la route, traversant une courte digue, remonte à gauche une gracieuse vallée avant de rejoindre la route directe de Quimper. Descente pittoresque suivie d'une montée *idem* — à gauche le château de Melgven — puis, quelques ondulations, aussi agréables que celles des Fouesnantaises, avant la belle descente finale sur Concarneau, d'où l'on jouit d'une belle vue sur la baie, où navigue — lorsqu'elle n'est pas amarrée aux corps-morts — une véritable flottille de bateaux de pêche.

Concarneau, chef-lieu situé au fond d'une anse d'échouage, se divise en deux parties : la ville neuve, très prospère, où se trouvent les hôtels, etc., et la ville close, occupant un îlot fortifié de forme bizarre, longue de 400 m.; elle se compose d'une seule rue, la rue Vauban, entre quelques venelles latérales, entourée de remparts de granit très épais, flanqués de tours à créneaux et à mâchicoulis ; la ville close communique avec la ville neuve par une porte entre deux grosses tours ; elle est entièrement entourée par la mer à marée haute : la visite est peu fatigante : on peut s'y reposer partout, car la rue *vaut banc !* A voir aussi le port, avec un môle de 98 m.; l'aquarium, ou vivier laboratoire, à l'entrée du port — très intéressant ; la chapelle N.-D. de Bon-Secours (XV⁰) ; le phare et la plage où l'on peut se baigner à la marée montante. Il est à noter que l'Atlantic-Hôtel est lauréat du concours du « Bon Hôtelier » institué par le T. C. F., et se distingue entre tous par les soins apportés aux conditions hygiéniques ; d'ailleurs, ses concurrents avaient la partie dure : car la nature ayant déchiqueté la côte en de petites baies nombreuses, a clairement désigné Concarneau comme lieu des anses !

Magnifique parcours très varié.

LUNDI 17 AOUT

Concarneau, Pont-Aven, Quimperlé. — 44 kilom. 4

Vitesse moyenne en marche : 10 kilom. à l'heure

0.0	20	**Concarneau**	R. de Pont-Aven	D.	7.00
0.9	15	Bif. gauche	R. de Beuzec-Conq.		7.05
2.0	70	Château de Keriolet		A.	7.25
—		Visite.	Revenir même chemin	D.	8.00
2.0	15	Bif. gauche	R. de Pont-Aven		8.10
0.5	10	Bif. droite après Moras (rivière)	—		8.13
5.8	40	Tregunc (Finistère) 890 h.		A.	8.45
—		Casse-croûte	R. de Pont-Aven	D.	9.20
6.7	60	Bif. gauche	Sentier de Rustephan		9.57
0.3	65	Ruines de Rustephan		A.	10.00
—		Revenir à la grande route		D.	10.20
0.3	60	Bif. gauche	R. de Pont-Aven		10.23
0.5	60	Bif. droite	suivre télégraphe		10.26
0.2	60	Bif. droite	chemin creux de Hénant		10.27
1.5	40	Maison isolée, bif. gauche	—		10.35
2.1	60	Château de Hénant		A.	10.50
—		Visite	revenir même chemin	D.	11.20
3.6	60	Bif. droite, nouvelle route de Pont-Aven			11.40
0.8	25	Ralliement (entrée)		D.	11.45
0.4	25	**Pont-Aven** (Finistère) 1550 h.		A.	11.50
—		Déjeuner, Hôt. Villa Julia et des Voyageurs			—
—			R. de Quimperlé	D.	3.15
4.8	50	Riec	—		3.43
5.5	25	Traverser rivière de Bellou	—		4.11
2.2	65	Baye	—		4.24
4.7	20	Ralliement (Ch. de fer)	—	D.	5.00
0.5	20	**Quimperlé** (Finistère) 8049 h.		A.	5.05
44.4		Diner, coucher, Hôtel du Lion-d'Or.			

Longeant le quai jusqu'à l'avenue de la Gare, on prend
à droite l'avenue Thiers, début de la route de Pont-Aven ;
aux dernières maisons, on tourne à gauche sur le chemin
de Beuzec-Conq pour monter au château de Keriolet, pro-

priété de la commune, qui mérite une visite — 50 centimes par tête. Revenant sur nos pas, on contourne un bras de mer pour continuer sur une jolie route un peu accidentée jusqu'à Tregunc ; ensuite la route traverse des landes et une région boisée jusqu'à la borne 27.6, près de laquelle se trouvent les intéressantes ruines du château de Rustephan (XVe); ouvrant une barrière à gauche, on suit un chemin de terre en passant par deux autres barrières avant les ruines. Revenu à la grande route, un peu plus loin, à la borne 26, on laisse à gauche la nouvelle route pour suivre l'ancienne, bordée du télégraphe, afin d'aller visiter le château de Hénant. Après trois poteaux télégraphiques, on tourne à droite dans un joli chemin creux jusqu'à une bifurcation, près d'une maison isolée où l'on continue à gauche ; plus loin, passant devant un moulin à mer, on gravit la colline boisée sur laquelle s'élève le château qui domine la rivière de l'Aven ; ce château, construit au XVe et remanié au XVIe, est très beau ; on peut le visiter à raison de 50 centimes par personne et il paraît que ça les vaut ! Après, on revient à l'ancienne route de Pont-Aven où, tournant à droite et de suite à gauche, on reprend la nouvelle pour descendre à Pont-Aven, chef-lieu dans un site archi-pittoresque sur l'Aven, au pied de deux collines portant d'énormes blocs de granit dont plusieurs gisent dans la rivière et supportent des moulins à eau reliés par des ponts de chèvre. A cause de ses beautés naturelles, la ville est très fréquentée par les artistes et aussi par les Anglais, ce qui ne peut que rehausser les attraits que la nature y a prodigués à pleines mains.

La route de Quimperlé débute par une côte assez sérieuse puis remonte un gracieux vallon ; après, elle ondule à travers un pays charmant jusqu'à la descente rapide pour franchir le Bellou ; nouvelle montée à Baye, suivie d'une pente presque continue sur Quimperlé ; après le Ch. de fer, on gravit un raidillon avant une descente extra rapide en ville ; traversant le premier pont à gauche, on se trouve sur la place de la sous-préfecture où se trouve l'hôtel.

Quimperlé, chef-lieu d'arrondissement, ville très pittoresque située au confluent de l'Ellé et de l'Isolé, a été surnommé l'Arcadie de la Bretagne. A voir : l'église Saint-Michel (XIVe et XVe) et la basilique de Sainte-Croix, ancienne église de l'abbaye fondée en 1023, qui, détruite par la chute du clocher en 1862, a été reconstruite d'après son plan primitif, imitant l'église du Saint-Sépulcre à Jérusalem ; sous le chœur, se trouve une belle crypte du XIe.

Très joli parcours facile ; il existe de nombreux menhirs, dolmens et cromlechs parsemés sur les landes bordant la route ; malheureusement, ils sont d'un accès difficile à bicyclette.

MARDI 18 AOUT

Quimperlé, Le Pouldu, Lorient. — 34 kilom. 4

Vitesse moyenne en marche : 11 kilom. à l'heure

0.0	20	**Quimperlé**	Suivre l'Isolé	D.	9.00
1.3	25	Pont du Ch. de fer	R. du Pouldu		9.08
2.2	55	Colonne pierre bif. gauche	R. chât. St-Maurice		9.22
4.4	30	Clairière en forêt, bif. gauche puis dr.	—		9.30
1.1	20	Barrière rouge, bif. gauche			9.36
1.3	10	Château de Saint-Maurice		A.	10.05
			R. du Pouldu	D.	10.15
2.6	30	Bif. gauche	—		10.30
3.4	20	Ralliement (bif. R. de Clohars)		D.	10.50
1.0	5	Plage du Gd-Sable (Finistère) Déjeuner		A.	10.55
—		Hôtel des Bains	R. de Clohars	D.	3.00
1.0	20	Bif. droite	R. du Pouldu		3.07
1.0	0	**Le Pouldu**	prendre le bac	A.	3.12
0.5	0	R. G. de la Seita (sentier raidillon)		D.	3.30
2.2	45	Chapelle de Saint-Fiacre			3.43
1.4	40	Guidel. Bif. droite	R. de Lorient		3.55
4.0	60	Kermabon. Bif. droite	R. N. 165		4.17
6.2	10	Ralliement. Bif. de la R. N. 24		D.	4.50
0.8	10	**Lorient** (Morbihan) 42.116 h.		A.	4.55
34.4		Dîner, coucher, Hôtel des Voyageurs.			

Sortant de l'hôtel, on traverse le pont sur l'Isolé pour tourner de suite à gauche en suivant la rivière ; après avoir dépassé le Ch. de fer, la route s'éloigne de la Leita (rivière formée par la réunion de l'Ellé et de l'Isolé) et remonte un pittoresque vallon jusqu'à l'entrée de la magnifique forêt de Clohars-Carnoët que l'on traverse pendant 7 kilom. Quittant la route directe, on tourne à gauche sur le délicieux chemin sous bois menant au château de Saint-Maurice (XVIIe), situé sur les bords de la Leita qu'on voit s'enfoncer dans une gorge rocheuse et boisée ; ce château, dans un décor splendide, occupe l'emplacement d'une abbaye, fondée en 1170, dont il ne reste que quelques vestiges. Continuant sous bois, on rejoint la route directe du Pouldu, que l'on suit jusqu'au croisement du chemin de Clohars, où il faut continuer devant soi pour se rendre à la charmante petite plage du Grand-Sable, où l'on peut se baigner avant de déjeuner sur la terrasse de l'hôtel, en contemplant l'immensité de l'Atlantique ; d'ailleurs, le repas y est ordinairement fort copieux.

Remontant à la Bif. de Clohars, on tourne à droite pour descendre au Pouldu, où l'on s'embarque en bac pour traverser la Leita ; ce voyage au court cours ne présente aucun danger, mais l'embarcation accoste généralement au pied d'un sentier rocailleux peu commode pour les bécanes à paquetages. Après une certaine montée, la route serpente capricieusement à travers une jolie campagne accidentée jusqu'à la magnifique R. N. 165 ; quelques kilom. plus loin, on traverse le long faubourg de Kerentrech et l'on rejoint la R. N. 24 au début du cours Chazelles que l'on suit jusqu'à la Porte du Morbihan. Ici commence l'inconnu ; aucune de nos autorités ordinaires ne mentionne l'hôtel des Voyageurs ; par conséquent, cet établissement doit être très « modern style »; il se trouve, probablement, sur la place Alsace-Lorraine, et, dans ce cas, il suffit de prendre à droite la rue Victor-Massé, mais il serait prudent de se renseigner à la porte chez un modeste gabélou.

Lorient, chef-lieu d'arrondissement et siège d'une Préfecture maritime, n'a pas de monuments dignes d'une visite ; ses rues sont monotones avec maisons sans caractère — c'est dommage, mais la S. V. M. n'y peut rien ! L'arsenal est intéressant, mais nous n'aurons pas le temps de le visiter ; d'ailleurs, les permissions ne sont délivrées au bureau de la Majorité qu'entre 2 heures et 2 h. 30. L'absence totale de monuments anciens s'explique par le fait que la ville ne fut fondée qu'au XVII°. On s'est fréquemment demandé pourquoi l'on a donné le nom de Lorient à un port situé en somme tout à fait à l'ouest de la France ? Il y a plusieurs explications ; mais, selon la légende la plus accréditée, le nom résulte du fait que, à l'ouverture des bassins, on a constaté, les importations étant nulles, que tous les navires rentraient sur « lest »! D'ailleurs, les débuts du port furent très pénibles, ce qui a donné lieu, d'après une autre légende aussi vraisemblable que la première, à un mot de Colbert. On lui demanda : « Ça doit vous donner bien des tracas, ce grand Lorient de France ? » « Mais, non, répondit spirituellement le ministre, je vous assure que c'est la rue Cadet de mes soucis ! » *si non è vero...* etc. Il semble évident que si leur ville est triste, les Lorientais ne manquent pas de gaieté.

Parcours ravissant.

MERCREDI 19 AOUT

Lorient, Auray, Vannes. — 54 kilom.

Vitesse moyenne en marche : 11 kilom. 1/2 à l'heure

0.0	10	**Lorient** descendre au quai pour			
—		prendre bateau de Port-Louis		D.	7.30
4.0	2	Port-Louis (débarcadère)		A.	7.55
—		prendre R. de Hennebont		D.	8.05
1.8	10	Bif. droite	R. de Landevant		8.15
2.7	12	Bif. droite	R. de Plouhinec		8.28
5.1	18	Plouhinec (Morbihan)		A.	8.55
—		Casse-croûte	R. d'Erdeven	D.	9.40
4.5	15	Pont-Lorois, traverser Etel	—		10.03
0.9	15	Bif. gauche	R. de Belz		10.08
2.0	15	Belz, bif. droite	R. d'Auray		10.18
2.0	20	Bif. droite	—		10.28
10.2	25	Joindre R. N. 168	—		11.19
1.0	7	Ralliement (ruisseau)		D.	11.25
0.8	20	**Auray** (Morbihan) 6236 h.	Déjeuner	A.	11.30
—		Hôtel du Lion-d'Or	R. N. 165	D.	3.00
5.4	5	Traverser rivière de Bono	—		3.30
2.5	60	Côte 60 ms	—		3.45
6.1	5	Traverser rivière Vinsein	—		4.15
4.4	20	Ralliement (entrée)	—	D.	4.40
0.6	15	**Vannes** (Morbihan) 21.504 h.		A.	4.45
54.0		Dîner, coucher, Hôtel du Commerce.			

Descendant aux quais, on trouvera, à côté du pont
tournant qui sépare le bassin à flot du port d'échouage, le
petit bateau pour Port-Louis ; il y a un départ toutes les
demi-heures : prix, 25 centimes et 20 centimes pour la
bicyclette. Traversant la rade, on débarque à Port-Louis
où, au bureau de l'octroi, on gravit la rampe à gauche
conduisant au boulevard de la Liberté, ensuite la rue de la
Grande-Porte, à gauche de l'église, puis, encore à gauche,
l'avenue de la République ; la route, plate et découverte,
arrive bientôt au Plouhinec ; à la sortie de ce village, le
chemin se déroule à travers une vaste lande, couverte de

dolmens et menhirs à droite, du côté de la mer, jusqu'au beau pont suspendu sur la pittoresque rivière d'Étel, puis on tourne à gauche sur la route de Belz et d'Auray, qui traverse un pays assez sauvage avant d'atteindre ce chef-lieu, situé sur une colline dominant le Loc, qui y forme un petit port profondément encaissé. Auray ne possède pas de monuments, mais il faut visiter la promenade du Loc où se trouve un belvédère (1727) en pierre, du sommet duquel on jouit d'une vue étendue magnifique.

La belle R. N. de Vannes parcourt un pays pittoresque et suffisamment ondulé ; on franchit la rivière de Bono, qui forme un grand étang à gauche, et, plus loin, le Vin-sein, avant d'arriver à Vannes, où on entre par la rue d'Auray ; à la place de l'Hôtel-de-Ville, prendre à gauche la rue du Méné, où se trouve l'hôtel.

Vannes, chef-lieu du Morbihan, siège d'un évêché, comprend deux parties distinctes ; la vieille ville, encore en partie entourée de son enceinte du moyen âge, à rues étroites et sombres dominées par la cathédrale ; et la ville moderne, entourant l'ancienne, où se trouvent les édifices publics, les hôtels, etc. C'est une ville intéressante où il faudrait voir : la cathédrale, brûlée par les Normands au Xe, reconstruite du XIIIe au XVIe, les remparts et la tour du Connétable, qu'on voit le mieux du boulevard Douves de la Garenne, la place des Lices, la Porte Saint-Vincent, donnant sur le port, et la promenade de la Rabine, qui le longe à droite ; il existe plusieurs maisons anciennes dans la vieille ville.

Promenade très facile, qui ne manque pas de charme.

———

JEUDI 20 AOUT

Vannes, Sarzeau, Port-Navalo. — 41 kilom. 8

Vitesse moyenne en marche : 11 kilom. 1/2 à l'heure

0.0	15	**Vannes**	R. de Nantes. R. N. 165	D.	7.30
0.8	20	Bif. gauche	—	—	7.36
4.8	15	Poteau rouge, bif. droite	R. de Sarzeau		8.04
4.3	8	Noyalo (Morbihan) 380 h.		A.	8.25
—		Casse-croûte	R. de Sarzeau	D.	9.00
5.0	8	Saint-Armel	—		9.25
3.3	10	Saint-Colombier	—		9.44
0.7	8	Château de Kervélénant. Visite		A.	9.45
—		Traverser gde route. Ch. de Kermoisan		D.	10.30
3.6	15	Kermoisan		A.	10.50
0.5	20	Château de Succinio (ruines)		A.	10.55
—		Revenir à Kermoisan		D.	11.30
0.5	15	Kermoisan	R. de Sarzeau		11.33
3.5	20	Ralliement (entrée)	—	D.	11.55
0.5	20	**Sarzeau** (Morbihan) 5686 h. Déjeuner		A.	12.00
—		Hôtel Lesage	R. de Port-Navalo	D.	3.45
6.8	15	Net	—		3.50
1.3	18	Thumiac, bif. droite	R. de Kerner		3.57
2.6	15	Kerner	R. d'Arzon		4.12
1.3	20	Arzon	R. de Port-Navalo		4.18
1.3	5	Ralliement (entrée)		D.	4.25
0.5	5	**Port-Navalo** (Morbihan)		A.	4.30
41.8		Dîner, coucher, Hôtel des Voyageurs.			

Descendant la rue du Méné, on prend à gauche, à la place, la rue Saint-Nicolas, puis, à droite, la rue du Roulage ; ensuite, à la place Groutel, la R. N. 165 à droite. Cette belle route, un peu accidentée, atteint la bif. du Poteau Rouge à la borne 40, où l'on tourne à gauche sur le chemin de Sarzeau qui, traversant un petit bras de la mer du Morbihan, monte à Noyalo ; belle vue. Continuant à droite, à la sortie, on traverse une jolie campagne, légèrement ondulée, avec de belles échappées sur

la mer, jusqu'à la grille du château de Kervélénant (300 m.
à droite), qui renferme une galerie de tableaux remarquables que peuvent visiter les touristes en faisant passer leurs
cartes ; d'après un règlement non écrit, il est d'usage dans
le monde d'allonger un pourboire de 50 centimes par visi-
teur. Traversant la route de Sarzeau, on continuera en face,
sur le chemin du hameau de Kermoisan où il faudra s'arrê-
ter à la première maison à gauche, pour demander au gar-
dien la clé des superbes ruines du château de Succinio,
situées à peu de distance ; comme dans le grand monde, le
passe-partout coûte 50 centimes par tête. Le château fut
construit par le duc Jean le Roux en 1250 ; après maintes
péripéties, il fut occupé en 1373 par une garnison anglaise,
mais cela ne lui a pas réussi, car Duguesclin, qui compre-
nait l'entente cordiale à sa manière, la passa au fil de
l'épée. Le château, pentagone irrégulier, fut remanié en
1420 ; il possédait 7 tours, dont 6 existent encore ; l'ensemble forme une des plus belles ruines de Bretagne.
Après la visite, revenant à Kermoisan, on prendra la route
directe de Sarzeau, chef-lieu intéressant dont l'église (1626)
mérite une visite. L'hôtel se trouve à gauche de l'église,
près de laquelle existent plusieurs maisons du XVIIe,
notamment celle — avec plaque — où naquit Lesage, l'au-
teur de *Gil Blas*, en 1668 ; celle-ci est toute petite, car,
même à cette époque éloignée, le sage savait se contenter
de peu !

En sortant de l'hôtel, on tourne à gauche, quelques
mètres plus loin, encore à gauche, puis, lorsqu'on arrive à
la croix, il faut suivre la rue à droite pour se trouver sur
le chemin de Port-Navalo. Celui-ci, fort pittoresque, ondule gracieusement en pleine presqu'île de Rhuis ; on jouit
d'une vue étendue sur la mer du Morbihan, à droite, et
plus loin, la presqu'île se rétrécissant sensiblement, sur
l'Océan. A Thumiac, on quitte la route directe pour
descendre au bord de la mer intérieure, au moulin de
Pencastel, et remonter à Arzon, d'où l'on se laissera glis-
ser sur Port-Navalo, petit port de pêche situé à l'entrée de

la mer du Morbihan, vis-à-vis de la pointe de Kerpenhir ; on y pourra probablement se baigner.

Très beau parcours, rappelant vaguement la Hollande, dans la presqu'ile du Rhuis, célèbre par la douceur de son climat, les gelées sont inconnues, et les plantes du Midi, lauriers, grenadiers, myrtes, aloès et autres bananes, viennent en pleine terre. A partir de Sarzeau, on aperçoit de nombreux monuments mégalithiques à droite et à gauche.

VENDREDI 21 AOUT

Port-Navalo, Surzur, La Roche-Bernard. — 57 kilom. 9

Vitesse moyenne en marche : 11 kilom. à l'heure

0.0	3	**Port-Navalo**	R. de Sarzeau	D.	7.30
1.8	15	Arzon	—		7.45
2.4	18	Thumiac	—		7.57
1.6	15	Net (sortie) bif. droite.	R. de Saint-Gildas		8.03
1.0	20	Bif. gauche	—		8.10
3.1	25	St-Gildas-de-Rhuis (Morbihan) 1287 h.		A.	8.25
—		Casse-croûte	R. de Sarzeau	D.	9.45
6.4	20	Sarzeau	R. de Vannes		10.20
3.6	10	St-Colombier, bif. droite.	R. de Surzur		10.39
6.4	32	Côte 32 ms	—		11.15
1.6	10	Ralliement (ruisseau)	—	D.	11.25
0.5	20	**Surzur** (Morbihan) 2051 h. Déjeuner		A.	11.30
—		Hôtel	R. de Muzillac	D.	2.30
4.0	10	Traverser la Drayac	—		2.50
3.0	15	Ambon (tout droit)	—		3.06
4.2	20	Joindre R. N. 165	—		3.30
2.3	40	Muzillac (Morbihan) 2551 h.		A.	3.45
—			R. N. 165	D.	4.15
3.2	5	Traverser ruisseau	—		4.34
3.4	55	Bif. gauche	—		4.53
3.2	10	Traverser ruisseau	—		5.09
5.2	10	Ralliement (pont suspendu)	—	D.	5.33
1.0	20	**La Roche-Bernard** (Morbihan) 1184 h.		A.	5.40
57.9		Diner, coucher, hôtel des Voyageurs.			

On retourne à Net par la route directe de Sarzeau ; à la sortie de ce hameau, on prendra à gauche le chemin de Saint-Gildas-de-Rhuis, qui traverse une plaine entrecoupée de landes, avant d'arriver à cet ancien village dont l'origine date de saint Gildas en personne, qui émigra au VIe siècle de la Grande-Bretagne, parce qu'il avait « soupé du rosbif ». Dominant l'Océan (belle vue), ce bourg offre de nombreuses constructions anciennes, notamment l'église abbatiale, en grande partie du XIIe, qui est fort intéressante. Tournant à gauche de l'église, on prendra la route de Sarzeau, assez dénudée, pour continuer sur celle de Vannes jusqu'à Saint-Colombier, où l'on tourne à gauche sur le chemin de Surzur, très plat au début, ensuite légèrement accidenté, qui traverse un pays fertile. Surzur possède une belle église du XIIIe, avec tour carrée romane, et de nombreuses maisons du XVIIe, ornées de sculptures.

La route de la Roche-Bernard franchit bientôt la Drayac pour remonter à Ambon, où l'on aperçoit les restes du château de Trémelgon, puis rejoint la splendide R. N. 165, qui traverse la rivière de Saint-Éloi peu avant Muzillac, chef-lieu situé sur une colline à gauche de la R. N. Notre route se déroule ensuite dans un pays pittoresque sillonné de nombreux cours d'eau, mais totalement dépourvu de villages, avant de franchir la Vilaine sur un magnifique pont suspendu de 197 m. de longueur, élevé à 33 m. au-dessus des hautes marées. La Roche-Bernard, chef-lieu sur une hauteur, au bord de la Vilaine, possède un petit port dont l'entrée est ornée d'un rocher énorme, et plusieurs maisons des XVe et XVIe.

Parcours facile et intéressant.

SAMEDI 22 AOUT

La Roche-Bernard, Redon, Pipriac. — 57 kilom. 6
Vitesse moyenne en marche : 11 kilom. à l'heure

0.0	20	**La Roche-Bernard**	R. de Redon	D.	7.15
0.8	58	Bif. droite	—		7.21
3.4	10	Traverser ruisseau	—		7.38
6.3	15	Traverser ruisseau	—		8.12
1.3	45	Saint-Dolay (Morbihan)		A.	8.20
—		Casse-croûte	R. de Redon	D.	9.00
3.2	14	Étang du Rocher	—		9.17
2.8	30	Sévérac (tout droit)	—		9.32
0.5	15	Bif. droite. Trav" Ch. de fer	—		9.35
3.7	5	Traverser canal Nantes à Brest.			
4.5	9	Joindre R. N. 164			10.20
4.7	10	Ralliement (Ch. de fer)		D.	10.45
1.6	10	Redon (Ille-et-Vilaine) 6929 h. Déjeuner		A.	10.55
—		Hôtel de France	R. N. 164	D.	2.00
0.5	15	Bif. droite. R. de Rennes	R. N. 177		2.04
3.1	30	Bif. gauche.	R. de Bruc		2.20
6.7	75	Bif. droite	—		2.58
4.2	50	Bif. droite	R. de Saint-Just		3.22
1.9	23	St-Just-Vieux-Bourg (Ille-et-Vil.) 1629 h.		A.	3.30
—		Dolmens, etc.	R. de Saint-Just	D.	5.15
3.0	60	Saint-Just, bif. gauche	R. de Pipriac		5.32
2.2	30	Traverser ruisseau	—		5.44
2.0	50	Ralliement (ruisseau)	—	D.	5.55
1.2	60	Pipriac (Ille-et-Vilaine) 3755 h.		A.	6.05

57.6   Dîner, coucher, Hôtel de La Tour-d'Auvergne.

La route de Redon débute par une montée et ondule à
travers un plateau élevé en laissant à gauche la forêt de la
Roche-Bernard ; peu après Saint-Dolay, on longe le bois
de Lezay et l'étang du Rocher, avant de pénétrer dans le
département de la Loire-Inférieure. Après Sévérac, on franchit le Ch. de fer et bientôt le canal de Nantes à Brest,
avant de rejoindre la R. N. 164 près d'un énorme étang (à
gauche) et atteindre Redon, chef-lieu d'arrondissement

agréablement situé sur la Vilaine, au pied de la montagne de Beaumont (vue étendue). L'église Saint-Sauveur, composée d'une nef romane, d'un transept du XIIe et d'un chœur magnifique du XIIIe, est à voir ; le clocher central roman mérite attention par la singularité de sa forme, probablement unique en France ; la tour (XIVe), avec flèche en pierre de 67 m., se trouve tout à fait en avant de l'église ; elle en fut séparée par un terrible incendie en 1782. A voir aussi, la Grande-Rue, étroite et tortueuse, bordée de vieilles maisons (XVe et XVIe), qui traverse la ville et franchit le canal de Nantes à Brest.

A la sortie de la ville, on tourne à droite sur la R. N. de Rennes, que l'on quitte bientôt pour prendre à gauche la route de Bruc ; celle-ci s'élève graduellement et traverse un pays excessivement sauvage, parsemé d'immenses landes, avant de descendre à Saint-Just-Vieux-Bourg, gros village sur un affluent de la Vilaine, qui y forme un grand étang ; sur son territoire, notamment sur la lande de Cojoux, se trouve une véritable agglomération de monuments mégalithiques, qu'on peut comparer à Carnac, qu'il faudrait, certes, visiter ; d'ailleurs, nous aurons le temps nécessaire, mais il est probable qu'un guide ne sera pas de trop. Remontant un ruisseau, on tourne à gauche à Saint-Just pour suivre le chemin accidenté conduisant à Pipriac, chef-lieu sur un petit affluent de la Vilaine, d'où la vue embrasse une immense étendue de landes.

Parcours agréable très varié.

DIMANCHE 23 AOUT

Pipriac, Guichen, Rennes. — 42 kilom.

Vitesse moyenne en marche : 11 kilom. à l'heure

0.0	60	**Pipriac**	R. de Rennes	D.	8.00
2.3	95	Joindre R. N. 177	—		8.15
0.7	80	Bif. gauche	R. N. 177		8.20
3.0	36	Traverser ruisseau	—		8.35
3.0	35	Lohéac (Ille-et-Vilaine) 600 h.		A.	8.50
—		Casse-croûte	R. N. 177	D.	9.30
3.0	110	Côte 110 m.	—		9.50
3.4	60	Guignen (Ille-et-Vilaine)	·	A.	10.05
—		Tombeau	R. N. 177	D.	10.25
3.4	30	Traverser ruisseau	—		10.42
3.0	104	Côte 104 m.	—		11.06
1.0	70	Ralliement (entrée)		D.	11.12
0.4	70	**Guichen** (Ille-et-Vilaine) 3839 h. Déjeuner		A.	11.15
—		Hôtel des Voyageurs	R. N. 177	D.	2.15
0.8	45	Traverser ruisseau	—		2.20
1.8	103	Côte 103 m.	—		2.35
1.7	16	Pont-Réant, traverser Vilaine	—		2.43
5.0	52	Bif. droite	—		3.10
3.5	30	Saint-Jacques	—		3.28
4.0	45	Joindre R. N. 137			3.50
0.8	50	Ralliement (Ch. de fer)		D.	3.55
1.2	54	**Rennes** (Ille-et-Vilaine) 69.232 h. Diner,		A.	4.05
42.0		coucher, Grand-Hôtel, 17, r. de la Monnaie.			

Légère montée pour aller rejoindre la magnifique R. N. 177, qui parcourt un pays assez sauvage parsemé de nombreux cours d'eau ; Lohéac possède plusieurs vieilles maisons des XVIe et XVIIe, et, dans l'église romane (reconstruite) de Guignen, se trouve le tombeau de Jean de Saint-Amadour, grand veneur et grand-maître des eaux et forêts de la Bretagne, mort en 1538 sans avoir connu le canal de Nantes à Brest. A partir de Guichen, chef-lieu dominant un petit affluent de la Vilaine, le paysage offre une déli-

cieuse variété d'aspects ; en approchant de la rivière, on
aperçoit de nombreux châteaux modernes et d'anciens ma-
noirs. Franchissant la Vilaine sur un vieux pont, au pittoresque village de Pont-Réant, là route traverse une plaine
assez monotone entre le Ch. de fer et la rivière, puis, rejoi-
gnant la R. N. 137, pénètre dans Rennes par l'avenue de
La Tour-d'Auvergne, que l'on parcourt jusqu'au pont sur
la Vilaine ; la rue de la Monnaie commence de l'autre côté
et l'hôtel est à droite.

Rennes, chef-lieu du département d'Ille-et-Vilaine, ancienne capitale de la Bretagne, est situé au confluent des
deux rivières ; c'est une ville d'aspect sévère et froid,
divisée en deux parties par la Vilaine : la ville haute, R. G.,
est en grande partie moderne, ayant été construite après
le grand incendie de 1720, qui dura 7 jours ; néanmoins,
certains quartiers épargnés, la place des Lices et les alen-
tours de la cathédrale, donnent une idée de ce qu'était la
ville aux XVIIᵉ et XVIIIᵉ. La ville basse, R. D., est le
quartier des Ecoles. A voir : la cathédrale, commencée en
1787, dont l'intérieur est richement orné ; l'église Notre-
Dame, ancienne église du monastère, dont la porte et la
nef datent de 1032 ; le Palais de Justice, commencé pour le
Parlement en 1618, au fond d'une très belle place ; l'Hôtel
de Ville (1734); le Palais universitaire ; la Porte Mordelaise
(XVᵉ); la place des Lices, avec ses halles couvertes, qui a
conservé son aspect moyenâgeux ; la promenade du Thabor,
à côté de l'église Notre-Dame, qui contient la statue de
Duguesclin, etc., etc.

Parcours suffisamment accidenté, généralement agréable.

LUNDI 24 AOUT

Rennes, Châteaubourg, Vitré. — 36 kilom. 2

Vitesse moyenne en marche : 11 kilom. à l'heure.

0.0	54	**Rennes**	R. de Paris, R. N. 12	D.	9.30
5.2	45	Cesson, traverser Vilaine	—		9.58
6.8	77	Les Forges	—		10.34
2.0	40	Traverser ruisseau	—		10.44
0.7	60	Bif. route de Brecé	—		10.48
1.3	40	Traverser ruisseau	—		10.56
4.7	46	Ralliement (entrée)	—	D.	11.20
0.5	46	**Châteaubourg** (Ille-et-Vilaine) 1218 h.		A.	11.25
—		Déjeuner, hôtel de la Gare. R. N. 12		D.	2.30
1.5	60	Saint-Molaine	—		2.40
1.8	70	Saint-Jean-sur-Vilaine	—		2.50
5.0	60	Traverser la Colanche	—		3.15
5.7	68	Ralliement (pont sur la Vilaine)	—	D.	3.50
4.0	80	**Vitré** (Ille-et-Vilaine) 10.314 h. Dîner, coucher, Hôtel des Voyageurs, place de la Gare.		A.	4.00
36.2					

Remontant la rue de la Monnaie, on continue tout droit par les rues de Toulouse, Nationale et Victor-Hugo, conduisant à la rue de Paris, qui représente la route archi-classique, Paris-Brest, R. N. 12 ; celle-ci suit d'assez près la Vilaine, qu'elle franchit à Cesson (quelques maisons du XVI⁰), puis ondule agréablement au-dessus de la R. G. jusqu'à Châteaubourg, chef-lieu sur une légère éminence de la R. D. ; l'église possède un portail Renaissance. On franchit la Vilaine à la sortie du bourg, pour continuer sur la R. D ; la route devient un peu plus accidentée et traverse d'immenses prairies avant d'atteindre Vitré, chef-lieu d'arrondissement bâti sur une colline dominant la R. G. de la vallée verdoyante.

Malgré la destruction de la partie sud de ses remparts, Vitré est resté un type particulier entre toutes les villes de Bretagne et l'une de celles de France qui ont le mieux con-

servé la physionomie du moyen âge ; une visite sérieuse
s'impose. Du côté de la Gare, la ville est, malheureusement,
assez « modern style » ; il faut s'enfoncer dans les vieilles
rues, inextricable pêle-mêle de curieuses maisons en bois,
en traversant la ville vers le nord, pour trouver l'aspect
féodal qui la caractérise. A voir : le château, dont une
partie sert de prison, fondé au XIe et rebâti du XIVe au
XVe, pendant la belle période de l'architecture militaire en
Bretagne (il a été restauré de nos jours); l'église Notre-
Dame (XVe), qui possède une chaire extérieure en pierre
finement sculptée, de la même époque ; la place de la
Halle, avec sa grosse tour ; la promenade du Val, longeant
le pied des remparts, d'où l'on jouit d'une belle vue sur le
bassin de la Vilaine ; la chapelle de l'hôpital Saint-Nicolas,
renfermant la tombe du fondateur, Robert de Grasmesnil,
mort en 1500. Les rues les plus bizarres sont celles de la
Bauchairie, de la Poterne et de Notre-Dame, que l'on rencontre dans le quartier entre le château et l'église.

Parcours pittoresque des plus faciles.

———

MARDI 25 AOUT

Vitré, Loiron, Laval. — 47 kilom. 6

Vitesse moyenne en marche : 11 kilom. à l'heure

0.0	80	**Vitré**	R. d'Argentré-du-Plessis	D.	7.30
5.5	90	Bif. gauche	R. des Rochers		8.01
0.7	70	Château des Rochers		A.	8.03
—		Visite	Revenir même chemin	D.	8.45
0.7	90	Bif. gauche	R. d'Argentré		8.51
3.7	60	Argentré-du-Plessis (Ille-et-Vil.) 2291 h.		A.	9.40
—		Casse-croûte	R. du Pertre	D.	9.50
1.2	85	Bif. gauche	—		9.58
7.8	140	Le Pertre, bif. gauche (sortie)	R. de Loiron		10.43
6.8	120	Ruillé-le-Gravelais	—		11.18
1.1	140	Ralliement (entrée)		D.	11.25
0.5	140	**Loiron** (Mayenne) 1003 h.	Déjeuner	A.	11.30
—		Hôtel Anjuerre	R. d'Ollivet	D.	2.00
1.4	140	La Chapelle-du-Chêne, trav. R. N. 12			2.08
3.0	120	Bif. gauche apr. Ch. fer.	Ch. de Clermont		2.23
1.3	120	Abbaye de Clermont		A.	2.30
—		Visite	revenir même chemin	D.	3.15
1.3	120	Bif. gauche	R. d'Ollivet		3.22
0.2	120	Bif. droite	R. de Genest		3.23
2.5	90	Le Genest, bif. droite	R. de Laval		3.35
4.8	100	Saint-Berthevin	Joindre R. N. 12		4.02
4.5	50	Ralliement (entrée)		D.	4.25
0.6	50	**Laval** (Mayenne) 30.627 h. Diner, coucher, Hôtel de Paris, rue de la Paix.		A.	4.30
47.6					

On prend la rue de Chateaubriand, et, après le Ch. de
fer, l'avenue d'Argentré ; la route parcourt un plateau un
peu ondulé, pittoresque, puis longe le parc du château des
Rochers, où l'on tourne à gauche pour atteindre la grande
grille. Le château (XVIe) est à peu près comme il était au
temps de Mme de Sévigné, qui y a écrit 267 de ses lettres ;
on ne visite que la chapelle et la chambre dite de Mme de
Sévigné, mais on peut parcourir le magnifique parc. Reve-

nant à la route d'Argentré, on descend pour franchir une branche de la Vilaine, puis, passant à côté du joli étang de Beuvron, on laisse à gauche (1 kilom.) le château du Plessis (XVe), demeure de la naïve demoiselle du Plessis, ancêtre très éloignée de notre dévoué C. de R. adjoint, dont il est souvent question dans les lettres de Mme de Sévigné, et qu'on ne peut visiter avant d'arriver à Argentré, chef-lieu dans un site charmant. La route de Loiron laisse à gauche la belle forêt du Pertre et pénètre dans le département de la Mayenne immédiatement après le village du même nom ; on franchit ensuite plusieurs cours d'eau avant d'atteindre Loiron, petit chef-lieu sur une éminence ne possédant rien comme monuments ; mais il faudra bien déjeuner quelque part ?

Sortant par la route d'Ollivet, on traverse bientôt la R. N. 12, et, plus loin, le Ch. de fer, où l'on tourne tout de suite à gauche sur le chemin de l'ancienne abbaye de Clermont, convertie en château par M. Lenain de Saint-Martin, qui se fait un plaisir d'y admettre des visiteurs. Le monastère fut fondé en 1150 ; l'église paraît être de la même date et renferme de magnifiques tombeaux des XIVe et XVe ; le chœur contient le mausolée de Béatrix de Bretagne, morte en 1401 ; c'est une visite fort intéressante. Revenant à la route d'Ollivet, on tourne presque de suite à droite sur la route de Laval, qui traverse Saint-Genest avant de rejoindre la R. N. 12 et pénétrer dans la ville par les rues de Bretagne, de Joinville, le Pont-Neuf et la rue de la Paix, absolument en ligne droite, où se trouve l'hôtel.

Laval, chef-lieu du département, est une jolie ville sur les deux rives de la Mayenne ; la vieille ville, en amphithéâtre, couronnée par son ancien château fort, domine la R. D. de la rivière ; la forteresse n'a été prise d'assaut qu'une seule fois, par lord Talbot en 1428, mais ce seigneur était d'une intelligence au-dessus de la *mayenne*, ce qui explique tout ! la ville moderne occupe la R. G. A voir : la cathédrale, en majeure partie du XIIe, l'ancien château

et donjon (extérieurement : c'est actuellement la prison) ;
la porte Beucheresse, de l'ancienne enceinte ; la statue
d'Ambroise Paré et le beau parc de la Périne, d'où la vue
est très belle.

Parcours assez accidenté, mais fort pittoresque.

MERCREDI 26 AOUT
Laval, Evron, Sillé-le-Guillaume. — 57 kilom.
Vitesse moyenne en marche : 11 kilom. à l'heure

0.0	50	**Laval**	R. du Mans. R. N. 157	D.	7.00
3.0	60	Bif. gauche	R. d'Evron		7.18
4.0	120	Côte 120 m.	---		7.40
3.7	100	Argentré (Mayenne) 1458 h.		A.	8.00
		Casse-croûte	R. d'Evron	D.	8.45
5.0	75	Traverser la Jouanne	---		9.11
3.4	93	Montsurs (entrée) bif. gauche, traverser			
		la rivière, puis bif. droite R. d'Evron			9.36
3.2	90	Brée	—		9.52
3.6	80	Néau	—		10.10
5.2	100	Ralliement (entrée)		D.	10.40
0.4	100	**Evron** (Mayenne) 4482 h. Déjeuner		A.	10.45
		Hôtel Aigle d'Or. R. de Sillé-le-Guill.		D.	2.00
6.3	140	Assé-le-Bérenger, bif. droite —			2.35
2.5	175	Traverser route	---		2.50
4.5	180	Limite départ' de la Sarthe	---		3.15
3.4	160	Rouessé-Vassé	---		3.30
5.8	200	Ralliement (Ch. de fer)		D.	4.05
0.4	200	**Sillé-le-Guillaume** (Sarthe) 3477 h. Visite		A.	4.10
		Prendre Ch. de fer (wagon-Restaurant)			
		Sillé-le-Guillaume (gare)		D.	6.04
		Paris (Montparnasse)		A.	11.20
2.0		à Notre-Dame			
57.0		Distance officielle.			

Remontant la rue de la Paix, on tourne à gauche dans la rue de Paradis et, plus loin à gauche, dans celle du Mans, conduisant à la R. N. 157; de suite après avoir franchi le ruisseau de Gesse, on prend à gauche la route d'Évron, qui se déroule sur un plateau fertile avant d'atteindre Argentré, chef-lieu sur un coteau dominant la Jouanne. La route continue sur la R. D. de cette rivière qu'elle franchit d'abord avant Saint-Céneré et ensuite à Montsurs, pour en suivre d'assez près la R. D. et le Ch. de fer à travers un pays pittoresque. Évron, chef-lieu, renferme une église remarquable, qu'il faut aborder par le portail sud, pour voir l'ensemble et la riche architecture extérieure; l'église fut fondée en 648, mais la partie la plus ancienne existante (la tour et la nef) est du XIe, le reste du XVIe; elle mérite une visite détaillée.

Route charmante d'Évron à Assé-le-Bérenger, au pied ouest des collines de Coevron, qu'elle contourne pour en longer les assises sud jusqu'à Sillé-le-Guillaume, chef-lieu fort pittoresque sur une colline entourée de forêts. Il faudrait visiter l'église Notre-Dame (XIIe et XIIIe) et le donjon du château, haut de 38 m., du sommet duquel on jouit d'une vue étendue, avant de se rendre à la gare, pour prendre l'express de Brest qui comporte un wagon-restaurant.

Très beau parcours à travers un pays fertile et pittoresque.

Il est peut-être inutile d'ajouter que nous sommes redevables à notre très honorable camarade A. de Baroncelli, pour une masse de renseignements routiers, détaillés comme lui seul sait le faire, aussi bien qu'à notre fidèle ami Joanne — Paul, pour les Fouesnantaises — dont l'éloge n'est plus à faire; sans ces deux auteurs célèbres, le topo eût été bien moins touffu.

En ce qui concerne les cartes, l'Excursion entière se trouve sur celles de l'État-Major au 200.000^e; Caen (de Vire jusque avant Sourdeval), Alençon, Rennes, Brest, Lorient et Vannes, en vente 30, rue Dauphine; elle doit être aussi comprise sur la carte au 400.000, n° IV, publiée par le T. C. F., avec, peut-être, une partie sur le n° VII, Nantes. Les amateurs sages (qui se contentent de peu) trouveront le tout sur les cartes Taride n° 9 et 5 bis ; exceptionnellement, leur emploi est assez indiqué, attendu qu'une certaine portion du parcours, — sur les landes, — « es T'aride tout ékalement », comme on dirait à Weggis (lac de Lucerne).

Le Chef de Route : Gordon D. Sturrock.

Imprimerie L. Duc & Cie, 125, rue du Cherche-Midi, Paris

www.ingramcontent.com/pod-product-compliance
Lightning Source LLC
Chambersburg PA
CBHW061638060726
47597CB00005B/1931